O GEORGES LEMAÎTRE

Η θεωρία της μεγάλης έκρηξης και η προέλευση του σύμπαντος

Ο GEORGES LEMAÎTRE

Η θεωρία της μεγάλης έκρηξης και η προέλευση του σύμπαντος

γραμμένο από Pauline Landa
μεταφρασμένο από Lina Sideris

O GEORGES LEMAÎTRE

ΒΑΣΙΚΕΣ ΠΛΗΡΟΦΟΡΙΕΣ

- **Γεννήθηκε:** 17 Ιουλίου 1894 στο Charleroi, Βέλγιο.

- **Πέθανε:** 20 Ιουνίου 1966 στο Leuven, Βέλγιο.

- **Κύρια επιτεύγματα:** διάφορες θεωρίες που επέτρεψαν την πρόοδο στην έρευνα για το σύμπαν και την προέλευσή του, όπως εκείνες για τη διαστολή του σύμπαντος (1927) και το αρχέγονο άτομο (1931).

- **Επίδραση της έρευνάς του:** η θεωρία της Μεγάλης Έκρηξης είναι πλέον ευρέως αποδεκτή και οδήγησε στη δημιουργία ενός νέου ερευνητικού πεδίου: της σύγχρονης κοσμολογίας.

ΕΙΣΑΓΩΓΗ

Ο άνθρωπος ανέκαθεν προσπαθούσε να κατανοήσει τον κόσμο και, κατ' επέκταση, το σύμπαν που τον περιβάλλει. Στο πέρασμα των αιώνων προέκυψαν διάφορες θεωρίες ανάλογα με τα ήθη και έθιμα της κάθε εποχής και δημιούργησαν αντιλήψεις για το σύμπαν που δεν ήταν πάντα σύμφωνες με τις θρησκευτικές και πολιτικές αρχές. Κανείς δεν θα πίστευε στην εποχή του Γαλιλαίου (Ιταλός αστρονόμος και φυσικός, 1564-1642), που καταδικάστηκε από την Εκκλησία για τα γραπτά του σχετικά με τον ηλιοκεντρισμό, ότι ένας Βέλγος ιερέας, ο Georges Lemaître, θα ήταν υπεύθυνος για τη θεωρία της Μεγάλης Έκρηξης, η οποία εξακολουθεί να είναι ευρέως αποδεκτή.

Η "υπόθεση του αρχέγονου ατόμου", που διατύπωσε το 1931, χρονολογεί την προέλευση του σύμπαντος πριν από 13,7 δισεκατομμύρια χρόνια. Ο Lemaître θεωρούσε ότι το σύμπαν συμπιέστηκε τότε σε ένα μόνο άτομο -ένα μέρος της θεωρίας που έχει πλέον καταρριφθεί- που ένα κοσμικό σοκ επέτρεψε να διασπαστεί σε ένα μεγάλο αριθμό ηλεκτρονίων, φωτονίων κ.λπ. , δημιουργώντας έτσι το σύμπαν όπως το γνωρίζουμε σήμερα. Ο Lemaître υπήρξε πρωτοπόρος σε αυτό το θέμα, ιδίως δεδομένου ότι οι άλλοι επιστήμονες της εποχής του ήταν πεπεισμένοι ότι το σύμπαν υπήρχε πάντα και ότι επομένως ήταν άσκοπο να προσπαθήσει κανείς να βρει τις απαρχές του. Μετά τη δημοσίευση της έρευνάς του, όμως, όλοι τους αναγκάστηκαν να αναθεωρήσουν τις θέσεις τους και να αποδεχτούν αυτή τη νέα θεωρία που θα επηρέαζε βαθιά την κοσμολογία και τη φυσική στον 20ό και 21ο αιώνα.

ΠΛΑΙΣΙΟ

ΕΝΑ ΜΟΝΑΔΙΚΟ ΜΟΝΤΕΛΟ ΓΙΑ ΤΟ ΣΥΜΠΑΝ;

Είναι αδύνατο να μιλήσει κανείς για τον Georges Lemaître χωρίς να αναφερθεί πρώτα σε έναν από τους μεγαλύτερους επιστήμονες του $20^{ού}$ αιώνα, τον Albert Einstein (1879-1955). Χάρη κυρίως στη θεωρία της γενικής σχετικότητας (1915), ο Lemaître ανέπτυξε την υπόθεσή του για το αρχέγονο άτομο. Πριν από την περίοδο του "όλα είναι σχετικά", οι επιστήμονες είχαν αφιερωθεί από την Αρχαιότητα στην προσπάθεια να κατανοήσουν τον κόσμο γύρω τους προτείνοντας ένα μοντέλο του σύμπαντος ικανό να το εξηγήσει.

Με τον Αριστοτέλη (Έλληνας φιλόσοφος, 384-322 π.Χ.) και τον Πτολεμαίο (Έλληνας αστρονόμος, περίπου 100-170 μ.Χ.), το επικρατέστερο μοντέλο ήταν το γεωκεντρικό, σύμφωνα με το οποίο η Γη βρισκόταν στο κέντρο του σύμπαντος, και αυτό θα διαρκέσει μέχρι τον 16ο αιώνα. Εκείνη την εποχή, το μοντέλο αμφισβητήθηκε από ακαδημαϊκούς όπως ο Τζορντάνο Μπρούνο (Ιταλός φιλόσοφος, 1548-1600) και ο Γαλιλαίος υπέρ του ηλιοκεντρισμού, γεγονός που οδήγησε σε αντιπαράθεση με τις θρησκευτικές αρχές. Ο πρώτος κάηκε στην πυρά, ενώ ο δεύτερος καταδικάστηκε από την Εκκλησία. Οι ιδέες τους, ωστόσο, κυκλοφορούσαν στην επιστημονική κοινότητα και έδιναν τακτικά τροφή για συζήτηση.

Τελικά ήταν ο Άλμπερτ Αϊνστάιν, σχεδόν τρεις αιώνες αργότερα, ο οποίος απελευθέρωσε τους ερευνητές από αυτή την αναζήτηση ενός μοναδικού μοντέλου, καθώς, γι' αυτόν, δεν υπήρχε λόγος να προτιμηθεί ένα μοντέλο έναντι ενός άλλου. Στην πραγματικότητα, κάθε μοντέλο βασιζόταν σε ένα συνεκτικό πλαίσιο αναφοράς και επομένως ήταν περιττό να επιλεγεί μόνο ένα, καθώς δεν θα ήταν περισσότερο ή λιγότερο έγκυρο από ένα άλλο. Κατά τη γνώμη του, κανένα μοναδικό μοντέλο δεν θα μπορούσε να περιλάβει ολόκληρο το σύμπαν.

Το 1927, ο Lemaître, ο οποίος ενδιαφερόταν πολύ για αυτές τις εργασίες σχετικά με τη σχετικότητα, ανέπτυξε τους υπολογισμούς του Αϊνστάιν στο άρθρο του, "Ένα ομογενές σύμπαν σταθερής μάζας και αυξανόμενης ακτίνας που λαμβάνει υπόψη του την ακτινική ταχύτητα των εξωγαλαξιακών νεφελωμάτων", και περιέγραψε ένα σύμπαν που διαστέλλεται και του οποίου η πυκνότητα της ύλης τείνει προς το μείον άπειρο όσο κοιτάζουμε πιο πίσω στο χρόνο. Ωστόσο, η θεωρία του για το διαστελλόμενο σύμπαν δεν έτυχε ιδιαίτερα καλής υποδοχής από τους επιστήμονες της εποχής, και ακόμη και ο Αϊνστάιν την περιέγραψε ως τρομακτική. Μόνο το 1929, με τον Αμερικανό αστρονόμο Έντουιν Χαμπλ (1889-1953) και τον ομώνυμο νόμο του Χαμπλ, η ιδέα αυτή της διαστολής θα γινόταν αποδεκτή από το σύνολο της επιστημονικής κοινότητας.

ΤΟ ΣΥΜΠΑΝ ΔΕΝ ΔΗΜΙΟΥΡΓΗΘΗΚΕ ΣΕ ΕΠΤΑ ΗΜΕΡΕΣ

Ενώ σήμερα εκτιμούμε το νόημα της χρονολόγησης της προέλευσης του σύμπαντος, δεν ίσχυε το ίδιο για την εποχή του Lemaître. Στην πραγματικότητα, στις αρχές του 20ού αιώνα, απαγορευόταν ακόμη να αναφερθούν, στην κοσμολογία, μεταφυσικές έννοιες που συνήθως υπαγορεύονταν από τη θρησκεία, όπως η ολότητα, ο χρόνος, η αρχή κ.λπ. Οι μεγάλοι κοσμολόγοι της εποχής, συμπεριλαμβανομένου του Αϊνστάιν, αρνούνταν να πιστέψουν ότι υπήρξε μια ακριβής στιγμή κατά την οποία εμφανίστηκε το σύμπαν. Ο Lemaître ήταν λοιπόν ο πρώτος που αναφέρθηκε στην ιδέα της προέλευσης του σύμπαντος, αφού διάβασε ένα άρθρο του Arthur Eddington (βρετανός αστρονόμος και φυσικός, 1882-1944) σχετικά με το τέλος του κόσμου.

Ξεκινώντας από την παραδοχή ότι υπάρχει μια σταθερή ενέργεια που κατανέμεται σε κβάντα (ελάχιστες ποσότητες ενέργειας) σε όλο το σύμπαν και ότι ο αριθμός των κβάντων αυξάνεται πάντα, αν εξετάσουμε την ιστορία του σύμπαντος, θα πρέπει να είμαστε σε θέση να ανιχνεύσουμε έναν ολοένα και μικρότερο αριθμό κβάντων μέχρι το σημείο στο οποίο φτάνουμε σε ένα μοναδικό κβάντο στο οποίο ήταν συγκεντρωμένο ολόκληρο το σύμπαν. Με αυτόν τον τρόπο καταλήξαμε στην υπόθεση του αρχέγονου ατόμου το 1931, μια θεωρία που εξακολουθεί να είναι αποδεκτή και είναι πλέον γνωστή ως θεωρία της Μεγάλης Έκρηξης.

 # ΤΟ ΞΕΡΑΤΕ;

Ο Georges Lemaître δεν εφηύρε τον όρο "Μεγάλη Έκρηξη", ο οποίος έχει μείνει. Στην πραγματικότητα ήταν ένας από τους επικριτές του, ο Βρετανός αστρονόμος Fred Hoyle (1915-2001), που επινόησε αυτή την έκφραση. Κατά τη διάρκεια μιας συνέντευξης στο ραδιόφωνο του BBC το 1950, χρησιμοποίησε ειρωνικά τις λέξεις "Big Bang" για να περιγράψει την υπόθεση του Lemaître για το αρχέγονο άτομο και αυτός ο όρος, που είναι πιο προσιτός στο ευρύ κοινό, παρέμεινε συνδεδεμένος με τη θεωρία.

Η ΖΩΗ ΤΟΥ LEMAÎTRE

ΕΝΤΟΝΟ ΕΝΔΙΑΦΕΡΟΝ ΓΙΑ ΤΗΝ ΕΠΙΣΤΗΜΗ

Ο Georges Lemaître γεννήθηκε σε μια μεσοαστική καθολική οικογένεια στο Σαρλερουά του Βελγίου στις 17 Ιουλίου 1894 και ήταν το μεγαλύτερο παιδί του Joseph Lemaître, ακαδημαϊκού και διευθυντή ενός εργοστασίου υάλου και ̇αρμάρου, και της Marguerite Lannoy, κόρης ενός ζυθοπο.ού. Καμία πτυχή του οικογενειακού του περιβάλλοντος δεν τον προετοίμαζε ούτε για να ενταχθεί στον κλήρο ούτε για να αφιερώσει τη ζωή του στα μαθηματικά και τη φυσική.

Σπούδασε σε χριστιανικό σχολείο της πόλης, μαζί με τα αδέλφια του. Το 1904 άρχισε να σπουδάζει κλασική φιλολογία στο ιησουιτικό Collège du Sacré-Coeur, όπου είδε για πρώτη φορά τη δυνατότητα συμφιλίωσης της πίστης με την επιστήμη. Από νωρίς, διακρίθηκε στα μαθηματικά, τη φυσική και τη χημεία. Όταν ήταν μόλις εννέα ετών, είχε ήδη αποφασίσει ότι ήθελε να αφιερώσει τη ζωή του εξίσου στην επιστήμη και στον Θεό. Το 1910, η οικογένειά του μετακόμισε στις Βρυξέλλες και c Lemaître συνέχισε τις σπουδές του στο Collège Saint-Michel, όπου παρακολούθησε προπαρασκευαστικά μαθήματα για περαιτέρω σπουδές. Κατόπιν αιτήματος του πατέρα του, πέρασε το τεστ εισαγωγής για να σπουδάσει μηχανικός κα. αποφάσισε να αφήσει την ιεροσύνη για αργότερα.

ΕΝΑ ΠΝΕΥΜΑΤΙΚΟ ΚΑΙ ΠΝΕΥΜΑΤΙΚΟ ΜΟΝΟΠΑΤΙ

Σε ηλικία 17 ετών άρχισε να σπουδάζει μηχανικός στο Καθολικό Πανεπιστήμιο του Λέουβεν, αλλά οι σπουδές του διακόπηκαν λόγω του Α' Παγκοσμίου Πολέμου (1914-1918). Λίγο μετά την έναρξη του πολέμου, κατατάχθηκε εθελοντής στο πυροβολικό. Έλαβε τον Βελγικό Πολεμικό Σταυρό για τις προσπάθειές του κατά τη διάρκεια της μάχης του Yser. Αυτή η δύσκολη εμπειρία θα ενίσχυε την ανάγκη του να συμφιλιώσει τις θρησκευτικές και επιστημονικές του κλίσεις.

Το φθινόπωρο του 1919 επέστρεψε στο πανεπιστήμιο και εγκατέλειψε τις σπουδές του στη μηχανική για να ασχοληθεί με ένα νέο αντικείμενο: τη φυσική και τα μαθηματικά. Το 1920 απέκτησε το διδακτορικό του στα μαθηματικά και το πτυχίο του στη θωμιστική φιλοσοφία (δηλαδή τη φιλοσοφία που εμπνέεται από τα έργα του Θωμά Ακινάτη). Την ίδια χρονιά, επέστρεψε στο ιεροδιδασκαλείο του Malines. Γοητευμένος από τη θεωρία της σχετικότητας του Αϊνστάιν, η οποία, ωστόσο, δεν είχε μελετηθεί ευρέως στο Βέλγιο, ο Lemaître εκπόνησε παράλληλα μια διατριβή σχετικά με τη σχετικότητα και τη βαρύτητα με σκοπό να κερδίσει μια ταξιδιωτική υπο-τροφία. Τρία χρόνια αργότερα χειροτονήθηκε ιερέας και έλαβε υποτροφία από τη βελγική κυβέρνηση για σπουδές στο εξωτερικό.

ΔΙΑΜΟΡΦΩΤΙΚΑ ΤΑΞΙΔΙΑ

Ο νεαρός ιερέας ξεκίνησε για το Κέιμπριτζ της Αγγλίας, όπου σπούδασε αστρονομία υπό τον διάσημο αστροφυσικό Άρθουρ Στάνλεϊ Έντινγκτον, τον οποίο θαύμαζε πολύ. Στη συνέχεια διέσχισε τον Ατλαντικό και εντάχθηκε στο Αστεροσκοπείο του Κολλεγίου Χάρβαρντ για να συνεργαστεί με τον Harlow Shapley (Αμερικανός αστροφυσικός, 1885-1972) πάνω στα νεφελώματα (αμυδρά, στατικά διαστρικά νέφη). Τέλος, πήγε στο Τεχνολογικό Ινστιτούτο της Μασαχουσέτης (MIT) για να αρχίσει να γράφει τη διατριβή του για τα βαρυτικά πεδία στα ρευστά στη γενική σχετικότητα.

Κατά τη διάρκεια των σπουδών του, ο Lemaître είχε την τύχη να συμμετάσχει σε πολύ δραστήρια πνευματικά περιβάλλοντα και να γνωρίσει πολλές προσωπικότητες-κλειδιά της σύγχρονης φυσικής. Όταν επέστρεψε στο Βέλγιο το καλοκαίρι του 1925, προσλήφθηκε ως λέκτορας στην επιστημονική σχολή του Καθολικού Πανεπιστημίου του Λέουβεν, αλλά συνέχισε να πηγαίνει συχνά στην Αγγλία και τις Ηνωμένες Πολιτείες για να συμμετάσχει σε συνέδρια ή να εργαστεί πάνω στα ακαδημαϊκά του έργα. Το 1927, το MIT αποδέχθηκε τη διατριβή του και του απένειμε διδακτορικό τίτλο στη φυσική. Το Πανεπιστήμιο του Λέουβεν τον έκανε καθηγητή την ίδια χρονιά, θέση την οποία θα κατείχε μέχρι το 1964.

ΕΝΑΣ ΑΝΘΡΩΠΟΣ, ΔΥΟ ΚΛΗΣΕΙΣ

Καθ' όλη τη διάρκεια της ζωής του, ο Lemaître αφιερώθηκε στην καθολική πίστη και στην επιστήμη. Οι δύο αυτές κλίσεις μπορεί να φαίνονται ασύμβατες, αλλά γι' αυτόν ήταν απολύτως δυνατό να διεξάγει έρευνα για τις απαρχές του σύμπαντος χωρίς να χρειάζεται να αμφισβητήσει την καθολική του πίστη. Ενώ η υπόθεσή του για το αρχέγονο άτομο προσπαθούσε να εξηγήσει την αρχή της διαστολής του σύμπαντος, η κοσμολογία έπρεπε να αφήσει χώρο στη θρησκεία για να εξηγήσει τη δημιουργία του κόσμου. Γι' αυτόν, επρόκειτο για δύο αλήθειες που ήταν ανεξάρτητες η μία από την άλλη. Ωστόσο, η κοινή επιστημονική και θρησκευτική του εκπαίδευση θα είχε ως αποτέλεσμα την καχυποψία και την απόρριψη από μέρος της επιστημονικής κοινότητας. Παρ' όλα αυτά, κανείς δεν μπορούσε να αμφισβητήσει την ποιότητα της έρευνάς του ή την επιδίωξή του για τη "διπλή αντίληψη" της αλήθειας, στην οποία η θρησκεία και η επιστήμη διαχωρίζονταν και στόχευαν σε διαφορετικά επίπεδα κατανόησης: έτσι έκανε διάκριση ανάμεσα στην προέλευση, που είναι μια φυσική έννοια, και στη δημιουργία, που είναι μια φιλοσοφική έννοια.

Απίστευτα προικισμένος μαθηματικός, ο Lemaître έπρεπε πάντα να στηρίζει τη θεωρία με παρατηρήσεις. Έτσι, δεν ήταν ευχαριστημένος με την απλή κατασκευή έγκυρων υποθέσεων, αλλά επαλήθευε τη βάση τους μέσω πειραμάτων. Αυτό το χαρακτηριστικό του χαρακτήρα του ήταν κάτι που τον διαφοροποιούσε από τους άλλους επιστήμονες της εποχής του και του επέτρεψε να σημειώσει σημαντική πρόοδο στην έρευνά του.

Ο Lemaître πέθανε από λευχαιμία στις 20 Ιουνίου 1966 στο Leuven, έχοντας μάθει λίγες ημέρες νωρίτερα ότι η παρατήρηση της κοσμικής ακτινοβολίας υποβάθρου είχε μόλις επιβεβαιώσει με βεβαιότητα ότι το σύμπαν είχε ξεκινήσει με μια έκρηξη, την οποία είχε ήδη υποθέσει στη θεωρία του 30 χρόνια νωρίτερα.

ΟΙ ΘΕΩΡΙΕΣ ΤΟΥ LEMAÎTRE

ΟΙ ΣΥΝΕΙΣΦΟΡΕΣ ΤΟΥ ΑΪΝΣΤΑΪΝ ΚΑΙ ΤΟΥ FRIEDMANN

Αν και ο Lemaître είναι ο αδιαμφισβήτητος πατέρας της θεωρίας της Μεγάλης Έκρηξης, δύο άλλοι επιστήμονες έπαιξαν επίσης σημαντικό ρόλο στην ανάπτυξη αυτής της θεωρίας, η οποία έφερε επανάσταση στη σύγχρονη κοσμολογία. Η έρευνα του Lemaître, στην πραγματικότητα, έλαβε χώρα μέσα σε ένα πολύ ακριβές επιστημονικό πλαίσιο.

Ο Αϊνστάιν ήταν ο πρώτος που άνοιξε το δρόμο με τη θεωρία της γενικής σχετικότητας (1915), η οποία ήταν μια νέα θεωρία για τη βαρύτητα. Σύμφωνα με τη θεωρία του, οι βαρυτικές δυνάμεις μεταξύ των αντικειμένων είναι αυτές που δίνουν στο σύμπαν τη δομή του. Ο Αϊνστάιν έγραψε επίσης τις εξισώσεις που διέπουν τις φυσικές και γεωμετρικές ιδιότητες του σύμπαντος, τις οποίες θεωρούσε στατικές (δηλαδή το συνολικό μέγεθος του σύμπαντος δεν αλλάζει με την πάροδο του χρόνου). Οι εξισώσεις αυτές επέτρεψαν να προσδιοριστεί ο τρόπος με τον οποίο ο χώρος μεταβάλλεται με την πάροδο του χρόνου, με βάση την ποσότητα της ύλης και της ενέργειας που μεταβάλλεται στο εσωτερικό του.

Ο Ρώσος φυσικός και μαθηματικός Alexander Friedmann (1888-1925) βρήκε τις λύσεις αυτών των εξισώσεων, οι οποίες περιγράφουν τη μεταβολή του χώρου στο χρόνο. Θεώρησε ότι ήταν πιθανό το σύμπαν να προήλθε από μια ιδιομορφία και ότι, κατ' επέκταση, θα υπήρχε τελικά ένα τέλος στο σύμπαν. Ο Φρίντμαν υπολόγισε επίσης την ηλικία του σύμπαντος σε 10 δισεκατομμύρια χρόνια. Ωστόσο, στη δεκαετία του 1920, οι αποδεκτές επιστημονικές εκτιμήσεις δεν ξεπερνούσαν το ένα δισεκατομμύριο.

Έχοντας έρθει σε επαφή με τις θεωρίες του Αϊνστάιν κατά τη διάρκεια των σπουδών του στο Κέιμπριτζ, ο Lemaître ενδιαφέρθηκε επίσης για τις εξισώσεις του Γερμανού φυσικού και προσέθεσε τη δική του συμβολή στη νέα κοσμολογία που καθιερώθηκε και έγινε γνωστή ως σχετικιστική κοσμολογία.

 **ΤΟ ΞΕΡΑΤΕ;**

Ο Lemaître δεν ήταν ο μόνος που σκέφτηκε την ιδέα της διαστολής του σύμπαντος. Το 1922 και το 1924, ο Friedmann δημοσίευσε δύο διατριβές στις οποίες παρουσίαζε την υπόθεσή του για τη διαστολή. Όμως τα γραπτά του δεν έτυχαν επαρκούς προβολής. Ο Lemaître δεν απέκτησε πρόσβαση σε αυτά τα άρθρα παρά μόνο το 1927, την ίδια στιγμή που δημοσίευσε τη δική του θεωρία για τη διαστολή του σύμπαντος. Μπορούμε λοιπόν να πούμε ότι και οι δύο επιστήμονες κατέληξαν στην ιδέα της διαστολής ανεξάρτητα.

Η ΘΕΩΡΙΑ ΤΗΣ ΔΙΑΣΤΟΛΗΣ ΤΟΥ ΣΥΜΠΑΝΤΟΣ (1927)

Ο Βέλγος ερευνητής κατάφερε, ανεξάρτητα από τον Friedmann, να λύσει τις εξισώσεις που πρότεινε ο Αϊνστάιν και βρήκε μη στατικές κοσμολογικές λύσεις. Απέδωσε μια δύναμη κοσμικής απώθησης που αναγκάζει τα σωματίδια του σύμπαντος να διαχωρίζονται με την πάροδο του χρόνου στην κοσμολογική σταθερά που υπάρχει στην εξίσωση του Αϊνστάιν. Είχε επίσης το θράσος να λάβει υπόψη του τις παρατηρήσεις που έκαναν τότε οι Αμερικανοί σχετικά με την ταχύτητα των νεφελωμάτων, οι οποίες απέδειξαν ότι το σύμπαν πράγματι διαστέλλεται.

Έτσι, το 1927, ο Lemaître δημοσίευσε το βασικό του άρθρο, "Ένα ομοιογενές σύμπαν σταθερής μάζας και αυξανόμενης ακτίνας, που εξηγεί την ακτινική ταχύτητα των εξωγαλαξιακών νεφελωμάτων". Αυτός ο ανέμπνευστος τίτλος (τουλάχιστον για τους μη ειδικούς) έδειχνε ότι είχε κάνει μια σύνδεση μεταξύ της διαστολής του σύμπαντος και των παρατηρήσεων σχετικά με την ταχύτητα των νεφελωμάτων. Στο άρθρο αυτό, ο Lemaître περιέγραφε ένα διαστελλόμενο σύμπαν το οποίο, πηγαίνοντας αρκετά πίσω στο χρόνο, έμοιαζε με το στατικό σύμπαν του Αϊνστάιν. Καθώς η θεωρία αυτή βασιζόταν σε παρατηρήσεις, παρουσιάστηκε ως η λύση των εξισώσεων του Αϊνστάιν. Το άρθρο του Lemaître, ωστόσο, δεν ήταν τόσο επιτυχημένο όσο θα έπρεπε, καθώς ο ίδιος ο Αϊνστάιν δεν πείστηκε από τη θεωρία του. Μόλις το 1930 ο Eddington κατάλαβε τη σημασία της εργασίας του πρώην μαθητή του. Εξάλλου, χάρη σ' αυτόν διαδόθηκε ευρέως η ιδέα του διαστελλόμενου σύμπαντος.

Η ΥΠΟΘΕΣΗ ΤΟΥ ΑΡΧΕΓΟΝΟΥ ΑΤΟΜΟΥ (1931)

Ως συνέχεια αυτής της ιδέας του διαστελλόμενου σύμπαντος, ο Lemaître διατύπωσε την ιδέα ότι, στην αρχή, το σύμπαν πρέπει να ήταν πολύ πιο πυκνό. Καθώς το σύμπαν απλώς διαστέλλεται με την πάροδο του χρόνου, αν πάμε αρκετά πίσω, το σύμπαν πρέπει να ήταν όλο και λιγότερο διασταλμένο: αυτό τον οδήγησε να προβληματιστεί σχετικά με την προέλευση του σύμπαντος. Σύμφωνα με τον ίδιο, η διαστολή του σύμπαντος πρέπει να ξεκίνησε από μια μοναδική αρχική κατάσταση, αυτή του αρχέγονου ατόμου. Στο άρθρο του "Η διαστολή του σύμπαντος", που δημοσιεύτηκε το 1931, ανέπτυξε αυτή την ιδέα, βασιζόμενος και πάλι σε παρατηρήσεις.

Πίστευε ότι η ίδια η ύπαρξη των νεφελωμάτων σήμαινε ότι το σύμπαν είχε προηγουμένως υποστεί διαδικασίες συρρίκνωσης. Έτσι, δύο αντίθετες κοσμικές δυνάμεις βρίσκονταν πίσω από τη δημιουργία του κόσμου: η βαρύτητα, που έλκει, και η κοσμολογική σταθερά, που απωθεί. Πρότεινε ότι η εξέλιξη του σύμπαντος συμβαίνει σε τρεις φάσεις:

- Η πρώτη συνίστατο στην ταχεία, εκρηκτική διαστολή μετά τη διάσπαση του αρχέγονου ατόμου.

- Η δεύτερη ήταν μια περίοδος επιβράδυνσης κατά την οποία η πυκνότητα της ύλης και η κοσμολογική σταθερά εξισορροπήθηκαν. Κατά τη διάρκεια αυτής της φάσης σχηματίστηκαν οι μεγάλες δομές του σύμπαντος, όπως τα αστέρια, οι γαλαξίες και τα σμήνη.

- Αυτοί οι σχηματισμοί πρόκειται να διαταράξουν την ισορροπία και να οδηγήσουν στην τελική φάση, μια δεύτερη ταχεία επέκταση.

Αυτή η υπόθεση του αρχέγονου ατόμου δεν ικανοποίησε ούτε τον Αϊνστάιν ούτε τον Έντινγκτον, καθώς γι' αυτούς ήταν αδιανόητο να μιλούν για την προέλευση του σύμπαντος, αφού ήταν στατικό. Ο Lemaître θα έπρεπε να πείσει αυτούς τους κορυφαίους επιστήμονες. Με τη βοήθεια των πιο πρόσφατων εξελίξεων στην κβαντομηχανική, ο Βέλγος ιερέας αποφάσισε να εξηγήσει την προέλευση του σύμπαντος μέσω της κβαντικής θεωρίας. Επικεντρώθηκε στις δύο αρχές της θερμοδυναμικής (κλάδος της φυσικής που αφορά τα συστήματα στα οποία συμβαίνουν μεταβολές στην ποσότητα της θερμότητας με την πάροδο του χρόνου):

- η ενέργεια υπάρχει σε διακριτά κβάντα και η συνολική ποσότητα ενέργειας παραμένει σταθερή,

- ο αριθμός των κβάντα αυξάνεται συνεχώς.

Αν πάμε πίσω στο χρόνο, θα βρούμε επομένως λιγότερα κβάντα, τα οποία ωστόσο περιέχουν όλη την ενέργεια του σύμπαντος, και τελικά θα φτάσουμε σε ένα κβάντο με εξαιρετικά συγκεντρωμένη ποσότητα ενέργειας, το αρχέγονο άτομο. Η καινοτόμος ιδέα του Lemaître ήταν να συνδέσει το απείρως μεγάλο (το σύμπαν) με το απείρως μικρό (το άτομο).

Ενώ η ιδέα του Lemaître, η οποία αποσκοπεί να εξηγήσει τη διαστολή του σύμπαντος ως οφειλόμενη σε μια αρχική έκρηξη, εξακολουθεί να είναι ευρέως αποδεκτή, η θεωρία του ότι ολόκληρο το σύμπαν αρχικά περιείχε ένα άτομο το οποίο διαλύθηκε έχει πλέον αμφισβητηθεί. Οι φυσικοί τείνουν τώρα περισσότερο προς ένα είδος νέφους στοιχειωδών σωματιδίων (κουάρκ και λεπτόνια) που συμπυκνώθηκαν σταδιακά, απελευθερώνοντας ενέργεια και δίνοντας στο σύμπαν την αρχική του ορμή. Αναγνωρίζουν την ύπαρξη του κοσμικού μικροκυματικού υποβάθρου, ενός ίχνους της αρχικής έκρηξης, αλλά πιστεύουν ότι προέρχεται από ένα ηλεκτρομαγνητικό κύμα και όχι, όπως πίστευε ο Lemaître, από ένα ίχνος σωματιδίων που προωθήθηκαν από τη διάλυση του αρχικού ατόμου.

ΤΟ ΥΠΟΛΟΙΠΟ ΕΡΓΟ ΤΟΥ

Αφού δημοσίευσε τις δύο θεωρίες του, οι οποίες μαζί θα αποτελούσαν αυτό που σήμερα συνήθως αναφέρεται ως θεωρία της Μεγάλης Έκρηξης, ο Lemaître συνέχισε την κοσμολογική του έρευνα. Αρκετές από τις εκτιμήσεις του επιβεβαιώθηκαν αργότερα από τους επιστήμονες. Διατύπωσε θεωρίες σχετικά με τις μαύρες τρύπες και την ενέργεια κενού, καθώς και μια υπόθεση ότι το σύμπαν έχει πρόσθετες διαστάσεις.

Μετά τον Δεύτερο Παγκόσμιο Πόλεμο (1939-1945), ο Lemaître αποσύρθηκε σταδιακά από τη διεθνή έρευνα περιορίζοντας τα ταξίδια του. Επίσης, εγκατέλειψε την έρευνά του στην κοσμολογία για έναν άλλο τομέα που του άρεσε ιδιαίτερα και στον οποίο είχε ταλέντο: την αριθμητική ανάλυση.

Παρά τη σπουδαιότητα των άλλων έργων του, παραμένει γνωστός πάνω απ' όλα για το γεγονός ότι βρίσκεται πίσω από αυτή τη σχετικιστική κοσμολογία, η οποία χαρακτηρίζεται από τρεις βασικές αρχές:

- το σύμπαν διαστέλλεται,

- το σύμπαν είχε μια αρχή,

- η κβαντική φυσική (η επιστήμη του απείρως μικρού) και η αστρονομία (η επιστήμη του απείρως μεγάλου) συνδέονται για την κατανόηση του σύμπαντος.

 ## ΤΟ ΞΕΡΑΤΕ;

Αν και η συμβολή του στη σχετικιστική κοσμολογία δεν μπορεί πλέον να αμφισβητηθεί σήμερα, ο Lemaître αγνοήθηκε για πολλά χρόνια. Στην πραγματικότητα, πολλές επιστημονικές εγκυκλοπαίδειες δεν αναφέρουν καν το όνομα του ιερέα ή υποβαθμίζουν την επίδραση του έργου του. Οι αρχικές του σπουδές στα μαθηματικά και οι θρησκευτικές του δεσμεύσεις ίσως να μην λειτούργησαν υπέρ του.

Η ΧΡΟΝΟΛΟΓΙΑ ΤΗΣ ΜΕΓΑΛΗΣ ΕΚΡΗΞΗΣ

Από τότε που ο Lemaître έγραψε τα άρθρα του, οι επιστήμονες επανεξέτασαν και διόρθωσαν την αντίληψή του για τη θεωρία της Μεγάλης Έκρηξης. Η τρέχουσα κατάσταση των γνώσεων σχετικά με την προέλευση του σύμπαντος έχει ως εξής.

Το σύμπαν ξεκίνησε πριν από 13,7 δισεκατομμύρια χρόνια σε ένα εξαιρετικά θερμό περιβάλλον, περίπου 1032 Κέλβιν (περίπου 758°C). Το σύμπαν αποτελούνταν τότε μόνο από φωτόνια, στοιχειώδη σωματίδια και τα αντισωματίδιά τους. Μετά από ένα αρχικό κοσμικό σοκ – το περίφημο Big Bang – τα σωματίδια και τα αντισωματίδια διαλύθηκαν, αφήνοντας ένα μικρό πλεόνασμα ύλης που θα οδηγούσε στη δημιουργία του σύμπαντος. Στα πρώτα τρία λεπτά σχηματίστηκαν πρωτόνια και νετρόνια χάρη στην παρουσία κουάρκ (στοιχειωδών σωματιδίων). Θα χρειαστούν 380 000 χρόνια για να κρυώσει και πάλι το σύμπαν. Τότε ήταν που το φως απελευθερώθηκε από την ύλη με αυτό που οι επιστήμονες ονομάζουν κοσμικά μικροκύματα. Οι γαλαξίες σχηματίστηκαν μετά από βαρυτικές καταρρεύσεις νεφών σκόνης. Τελικά, γεννήθηκαν αστέρια που περιβάλλονταν από πλανήτες.

Μετά τον Georges Lemaître, οι φυσικοί βρήκαν εξισώσεις που τους επέτρεψαν να περιγράψουν το σύμπαν μόλις 10-43 δευτερόλεπτα μετά την έναρξή του. Η περίοδος που χωρίζει τον υποθετικό "χρόνο μηδέν" και τα 10-43 δευτερόλεπτα αργότερα ονομάζεται εποχή Πλανκ, προς τιμήν του Μαξ Πλανκ (Γερμανός φυσικός, 1858-1947), και δεν μπορεί να εξηγηθεί από τις τρέχουσες θεωρίες, καθώς οι έννοιες του χώρου και του χρόνου δεν έχουν ακόμη οριστεί. Δεν γνωρίζουμε τίποτα για εκείνη την εποχή.

ΕΠΙΠΤΩΣΕΙΣ

ΥΠΟΔΟΧΗ ΑΠΟ ΤΗΝ ΕΠΙΣΤΗΜΟΝΙΚΗ ΚΟΙΝΟΤΗΤΑ: ΜΕΤΑΞΥ ΣΥΝΕΧΕΙΑΣ ΚΑΙ ΚΡΙΤΙΚΗΣ

Η θεωρία της Μεγάλης Έκρηξης εμφανίστηκε σε μια εποχή κοσμολογικής κρίσης στην επιστημονική κοινότητα όσον αφορά την αναπαράσταση του χώρου. Τα ευρήματα του Lemaître, με τη βοήθεια των σχετικιστών επιστημόνων, προκάλεσαν ουσιαστικά μια επιστημονική επανάσταση – η οποία ωστόσο θα συγκέντρωνε κάποιες επικρίσεις – καθώς προσέφεραν έναν εντελώς νέο τρόπο αντίληψης του σύμπαντος.

Ακόμη και οι αυθεντίες που καθοδηγούσαν τον Lemaître, ο Einstein και ο Eddington, είχαν αμφιβολίες για τη θεωρία του περί διαστολής. Ο Αϊνστάιν χρειάστηκε 10 χρόνια για να αποδεχτεί την ιδέα ενός εξελισσόμενου σύμπαντος, αλλά δεν θα δεχόταν ποτέ την υπόθεση του αρχέγονου ατόμου, καθώς, κατά τη γνώμη του, ο Βέλγος ιερέας είχε εμπνευστεί από τη βιβλική ιστορία της δημιουργίας, η οποία ήταν απαράδεκτη για μια επιστημονική θεωρία. Στη δεκαετία του 1940, η θεωρία είχε μάλιστα απαξιωθεί, καθώς δεν είχε επιβεβαιωθεί από καμία παρατήρηση. Λόγω της έλλειψης αποδείξεων, θα έβλεπε τον ανταγωνισμό από δύο νέες θεωρίες: την αναβίωση της Νευτώνειας κοσμολογίας και τη θεωρία της σταθερής κατάστασης.

Χρειάστηκαν 30 χρόνια για να αναγνωρίσει η πλειοψηφία της επιστημονικής κοινότητας τη συμβολή του Lemaître στη σύγχρονη κοσμολογία. Η θεωρία της Μεγάλης Έκρηξης έγινε γνωστή κυρίως χάρη στον George Gamow (ρωσοαμερικανός φυσικός, 1904-1968). Ήταν πολυγραφότατος συγγραφέας και ενδιαφερόταν έντονα για την αστρονομία, ιδίως για την εξέλιξη των άστρων. Σε ένα κείμενο που έγραψε το 1948, ανέπτυξε το μοντέλο του σύμπαντος στο οποίο κυριαρχούσε η θερμότητα και η ακτινοβολία. Ο Gamow συμφώνησε με τους ισχυρισμούς του Lemaître σχετικά με την εξαιρετικά πυκνή προέλευση του σύμπαντος και πρόσθεσε ότι ήταν επίσης εξαιρετικά θερμό κατά τη διάρκεια εκείνης της περιόδου. Η έννοια της θερμοκρασίας επέτρεψε να γίνει μια βασική σύνδεση μεταξύ της κοσμολογίας και της φυσικής σωματιδίων υψηλής ενέργειας. Δήλωσε ότι όλα τα στοιχεία του σύμπαντος δημιουργήθηκαν κατά τις πρώτες, πολύ θερμές φάσεις της διαστολής του. Με τη βοήθεια των συνεργατών του, ο Gamow υπολόγισε ότι σε μια μεταγενέστερη εποχή κατά την οποία η θερμοκρασία ψύχθηκε, το σύμπαν έγινε διαφανές και απελευθερώθηκε ακτινοβολία που μπορεί να ανιχνευθεί ακόμη και σήμερα: πρόκειται για το κοσμικό μικροκυματικό υπόβαθρο.

Αργότερα, κυρίως λόγω της τελειοποίησης των αστροφυσικών οργάνων, οι επόμενες γενιές επιστημόνων μπόρεσαν να βρουν δεδομένα που επαλήθευαν τα μοντέλα των Lemaître και Friedmann. Από τον Φεβρουάριο του 2003, ο ανιχνευτής ανισοτροπίας μικροκυμάτων Wilkinson επέτρεψε τον υπολογισμό της ηλικίας και του ενεργειακού περιεχομένου του σύμπαντος με μεγάλη ακρίβεια. Συνεπώς, το μοντέλο του Lemaître δεν μπορεί πλέον να αμφισβητηθεί μέσα στο σημερινό πλαίσιο των γνώσεών μας.

Η ΥΠΟΔΟΧΗ ΤΩΝ ΘΕΩΡΙΩΝ ΤΟΥ LEMAÎTRE ΣΕ ΟΛΟ ΤΟΝ ΚΟΣΜΟ

Η δεκαετία του 1930 ήταν μια περίοδος διαφόρων κρίσεων μετά τη Μεγάλη Ύφεση (1929), η οποία θα οδηγούσε τα αμερικανικά μέσα ενημέρωσης να δείξουν μεγαλύτερο ενδιαφέρον για τις κοσμολογικές ανακαλύψεις, θεωρώντας τις ως έναν τρόπο να αποσπάσουν την προσοχή ενός αποθαρρυμένου κοινού. Ο Lemaître έγινε έτσι διάσημος το 1932, όταν ο Τύπος τον έθεσε σε αντιπαράθεση με τον Αϊνστάιν. Ωστόσο, πολύ σύντομα θα ξεχαστεί από το ευρύ κοινό, και άλλοι επιστήμονες θα πιστωθούν λανθασμένα τα επιτεύγματα του Lemaître. Όμως δεν επιζητούσε τη φήμη και ήταν γνωστός για την ταπεινότητά του στη δημόσια σφαίρα.

ΤΙ ΑΠΟΜΕΝΕΙ ΑΠΟ ΤΗ ΘΕΩΡΙΑ ΤΗΣ ΜΕΓΑΛΗΣ ΕΚΡΗΞΗΣ;

Η θεωρία της Μεγάλης Έκρηξης, όπως τη συνέλαβε ο Lemaître, εξακολουθεί να είναι ευρέως αποδεκτή. Αποτελεί τη βάση της σύγχρονης κοσμολογίας μας, του τρόπου με τον οποίο αντιλαμβανόμαστε και κατανοούμε το σύμπαν. Χάρη σε αυτόν, είναι πλέον δυνατό να συνδυάσουμε την επιστημονική έρευνα με τη θρησκευτική σκέψη. Η προέλευση του κόσμου έχει γίνει έτσι μια επιστημονική θεωρία ανεξάρτητη από κάθε θρησκευτική πεποίθηση.

Ενώ σήμερα το όνομα της θεωρίας έχει αντικαταστήσει αυτό του εφευρέτη της, ο Lemaître εξακολουθεί να είναι ευρέως γνωστός στην επιστημονική κοινότητα. Ένας αστεροειδής (1565) φέρει το όνομά του από την ανακάλυψή του από έναν Βέλγο αστροφυσικό το 1948, και το Καθολικό Πανεπιστήμιο του

Leuven τον τίμησε δίνοντας το όνομά του σε ένα αμφιθέατρο, καθώς και στο Ινστιτούτο Αστρονομίας και Γεωφυσικής. Πιο πρόσφατα, ο Ευρωπαϊκός Οργανισμός Διαστήματος έκανε το ίδιο για το τελευταίο του Αυτοματοποιημένο Όχημα Μεταφοράς, το οποίο έστειλε στο διάστημα στις 30 Ιουλίου 2014.

 ## ΤΟ ΞΕΡΑΤΕ;

Το The Big Bang Theory, μια διάσημη αμερικανική σειρά που ξεκίνησε το 2007, περιγράφει τη ζωή τεσσάρων φυσικών ερευνητών. Η σειρά διαδραματίζεται στις Ηνωμένες Πολιτείες, στην Πασαντίνα, την ίδια πόλη στην οποία ο Lemaître συνάντησε πολλές φορές τον Αϊνστάιν στο Τεχνολογικό Ινστιτούτο της Καλιφόρνιας.

ΠΕΡΙΛΗΨΗ

- Καθιερώνοντας έναν νέο τρόπο αντίληψης του σύμπαντος, ο Άλμπερτ Αϊνστάιν, ο Αλεξάντερ Φρίντμαν και ο Ζορζ Λεμάιτρ ήταν οι πρωτεργάτες μιας πραγματικής επιστημονικής επανάστασης.

- Ο Lemaître ήταν υπεύθυνος για τρεις ιδέες της νέας ή σχετικιστικής κοσμολογίας: ότι το σύμπαν είχε αρχή, ότι διαστέλλεται συνεχώς και ότι η κβαντική φυσική (η επιστήμη του απείρως μικρού) και η αστρονομία (η επιστήμη του απείρως μεγάλου) συνδέονται για την κατανόηση του σύμπαντος.

- Η θεωρία της διαστολής του σύμπαντος και η υπόθεση του αρχέγονου ατόμου είναι σήμερα γνωστή ως θεωρία της Μεγάλης Έκρηξης.

- Η προέλευση του σύμπαντος θα είχε τρεις φάσεις: ένα εκρηκτικό κοσμικό σοκ που επέτρεψε την ταχεία διαστολή, ακολουθούμενο από μια μακρά περίοδο ψύξης κατά την οποία το σύμπαν συνεχίζει να διαστέλλεται, ακολουθούμενη από μια δεύτερη ταχεία διαστολή.

- Παρά τις επικρίσεις, οι ιδέες του Lemaître επιβεβαιώθηκαν από την ανακάλυψη του κοσμικού μικροκυματικού υποβάθρου το 1965, το οποίο είχε ήδη προβλεφθεί από τον Gamow.

ΠΕΡΑΙΤΕΡΩ ΑΝΑΓΝΩΣΗ

ΒΙΒΛΙΟΓΡΑΦΙΑ

Engel, V. (2013) *Le prêtre et le Big Bang*. Paris: JC Lattès.

Lambert, D. (2016) *Το άτομο του σύμπαντος: Georges Lemaître*. Κρακοβία: Copernicus Center Press.

Luminet, J.-P. (2004) *L'invention du Big Bang*. Paris: Seuil.

Robredo, J.-F. (2011) *Les metamorphoses du ciel : de Giordano Bruno à l'Abbé Lemaître*.

Université Catholique de Louvain (Χωρίς ημερομηνία) *Georges Lemaître*. [Online]. [Πρόσβαση 3 Μαΐου 2015]. Διαθέσιμο από: < https://www.uclouvain.be/316446.html>

ΠΡΟΣΘΕΤΕΣ ΠΗΓΕΣ

Farrell, J. (2006) *Ημέρα χωρίς χθες: Lemaître, Einstein, and the Birth of Modern Cosmology*. Νέα Υόρκη: Basic Books.

Trasancos, S. (2016) *Particles of Faith: Ένας καθολικός οδηγός για την πλοήγηση στην επιστήμη*. Indiana: Ave Maria Press.

ΕΙΚΟΝΟΓΡΑΦΙΚΕΣ ΠΗΓΕΣ

Πορτρέτο του Γαλιλαίου από τον ζωγράφο Justus Sustermans. Εικόνα αναπαραγωγής χωρίς δικαιώματα.

Φωτογραφία του Lemaître στο Καθολικό Πανεπιστήμιο του Leuven. Εικόνα αναπαραγωγής χωρίς δικαιώματα.

Πορτρέτο του Άλμπερτ Αϊνστάιν το 1947. Εικόνα αναπαραγωγής χωρίς δικαιώματα.

Πορτρέτο του Alexander Friedmann. Εικόνα αναπαραγωγής χωρίς δικαιώματα.

Φωτογραφία του Max Planck, τραβηγμένη το 1933. Εικόνα αναπαραγωγής χωρίς δικαιώματα.

Καλλιτεχνική απεικόνιση του ανιχνευτή ανισοτροπίας μικροκυμάτων Wilkinson. Εικόνα αναπαραγωγής χωρίς δικαιώματα.

IMPROVE YOUR GENERAL KNOWLEDGE

IN THE BLINK OF AN EYE!

www.50minutes.com

Κύριο ISBN: 9782808600347
ISBN: 9782808601795
Νόμιμη κατάθεση: D/2022/12603/180

Ψηφιακός σχεδιασμός: Primento,
ο ψηφιακός συνεργάτης των εκδοτών.